MA
BROCHURE ET MES CRITIQUES

PAR

l'Abbé CHOYER

CHANOINE HONORAIRE, CHEVALIER DE L'ORDRE DU CHRIST DU BRÉSIL,
MEMBRE DE PLUSIEURS SOCIÉTÉS SAVANTES.

> Latet enim eos hoc volentes, quod cœli
> erant prius, et terra de aquâ et per aquam
> consistens Dei verbo.
>
> (II. Pet. III-5.)

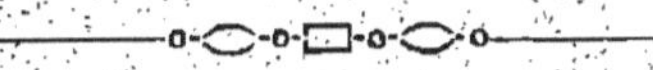

PARIS, | ANGERS,
LETHIELLEUX, 4, rue Cassette. | BRIAND ET HERVÉ, rue St-Laud, 9.

1873.

MA

BROCHURE ET MES CRITIQUES

MA
BROCHURE ET MES CRITIQUES

PAR

l'Abbé CHOYER

CHANOINE HONORAIRE, CHEVALIER DE L'ORDRE DU CHRIST DE BRÉSIL,
MEMBRE DE PLUSIEURS SOCIÉTÉS SAVANTES.

> Latet enim eos hoc volentes, quod cœli
> erant prius, et terra de aquâ et per aquam
> consistens Dei verbo
>
> II Pet. III–5.

— -o꞉꞉o꞉ ꞊ ꞉o꞉꞉o- —

PARIS,   ANGERS,

LETHIELLEUX, 4, rue Cassette   BRIAND ET HERVÉ, rue St-Laud, 9.

1873.

MA BROCHURE ET MES CRITIQUES.

En commençant cette seconde brochure, adressée à mes critiques, j'ai le devoir de faire connaître le point précis où en est restée la discussion soutenue dans la première [1]. Les deux lettres qui suivent vont donner satisfaction à toutes les exigences.

Lettre de M. Faye à M. Choyer.

Passy, le 31 janvier 1872.

Monsieur l'Abbé,

Voici un mois que vous m'avez fait l'honneur de m'adresser une lettre et votre brochure, sans que j'aie encore accusé réception de l'une et de l'autre. Le désir de m'acquitter de ce double devoir ne m'a pas manqué. J'ai même écrit, il y a une vingtaine de jours, un assez long brouillon de lettre pour vous exposer les idées que la lecture attentive de votre intéressant ouvrage m'a inspirées. Mais les difficultés d'un sujet qui ne m'est pas familier et où vous vous mouvez, au contraire, si aisément, m'a fait deux fois tomber la plume des mains. Je me résous donc à remplir simplement mon devoir de politesse et de reconnaissance, en vous remerciant de votre double envoi, ainsi que des ex-

[1] *La théorie géogénique et la science des anciens.* Lethielleux, 4, rue Cassette, Paris.

pressions flatteuses que vous avez bien voulu employer à mon égard.

Quant au fond, je demande un délai. Quoiqu'il n'y ait pas de question plus importante aujourd'hui que celle des rapports de la science et de la religion, j'avoue que le torrent des affaires et des préoccupations de l'heure présente tiennent tant de place dans notre existence parisienne, qu'on a grand peine à trouver ici le calme et le temps nécessaire pour écrire avec la maturité requise sur un pareil sujet. Je me bornerai donc à vous rappeler qu'en publiant dans *les Mondes* ma petite critique, il y a deux ans, à une époque tout autre que celle où nous sommes, je pensais à l'intérêt de la science, et je voulais sauvegarder la liberté qui lui est nécessaire, dans de justes limites. Peut-être ai-je été conduit ainsi à faire trop bon marché de la géologie et de la météorologie des premiers âges, et je suis disposé à accueillir sur ce point vos rectifications. Mais je tiens davantage, je l'avoue, à cette assertion, que la science n'a pas été l'objet de la révélation. Je désire qu'une formule de ce genre ne soit pas rejetée absolument. C'est, comme le dit Montaigne, en parlant du doute, un oreiller commode pour une tête bien faite, ou du moins pour un homme qui veut faire de la science pour la science, sans risque d'éveiller les plus respectables susceptibilités.

Je me hâte néanmoins de reconnaître le haut intérêt de la thèse que vous soutenez avec autant de bon goût que de talent, et je déclare que je serai heureux de vous soumettre directement, si le temps où nous vivons me le permet, mes réflexions critiques sur votre savant ouvrage.

Veuillez, Monsieur l'abbé, agréer, etc.

FAYE, de l'Institut.

Lettre de M. Choyer à M. Faye.

Angers, le 6 juin 1872.

Monsieur le Président,

Je suis allé à Passy, pour avoir l'honneur de vous voir. Je désirais, par quelques explications verbales, donner satisfaction aux réserves que vous avez cru devoir faire, au sujet de l'inspiration de la science, dans la lettre par laquelle vous m'avez accusé réception de l'envoi de ma brochure.

Le point de dissentiment était d'autant plus facile à éclaircir que la divergence entre votre manière de voir et la mienne, ne repose que sur un malentendu.

En effet, la science telle que nous la faisons, est le fruit du travail et des investigations de l'homme dans les lois du Créateur. Les vérités de l'ordre physique, que nous découvrons, sont évidemment notre conquête, et par cela même constituent essentiellement une œuvre humaine. Sur ce point, je m'empresse de reconnaître que vos réclamations sont fondées, et personne n'en contestera la justesse.

Mais de ce que le savant, par ses propres efforts, peut s'élever jusqu'à la hauteur des conceptions divines, et en saisir la merveilleuse harmonie, s'ensuit-il que celui qui a porté les lois destinées à régir l'univers, n'ait pu, quand il l'a jugé utile, et par des motifs dont il reste seul appréciateur, donner directement à sa créature, l'intelligence de quelques phénomènes particuliers de l'ordre purement matériel ? Assurément non.

Dieu, nous disent les Saintes Écritures, est le Maître souverain de la science, *Scientiarum Dominus est ;* son domaine, sous ce rapport, comme sous tous les autres, est absolument inaliénable.

Quant à la question de fait, à savoir, s'il y a eu des vérités de science proprement dite, révélées aux hommes, je crois avoir surabondamment prouvé l'affirmative.

Ainsi, Monsieur le Président, il y a largement place pour deux commentaires dans l'explication des ouvrages du Tout-Puissant. Vous, science humaine, soyez l'*analyse ;* nous, directement instruits par les communications de Dieu à nos pères, nous représenterons la *Synthèse.* En d'autres termes, par les deux voies nous devons arriver au même but.

Poursuivez donc avec pleine et entière liberté les très-utiles travaux qui ont captivé votre affection, dans la spécialité où vous vous êtes fait une réputation si justement acquise. — Continuez de promener votre regard scrutateur dans le monde étoilé, pour y découvrir des astres nouveaux. Continuez de déterminer d'avance avec toute la précision du calcul, le parcours que devront suivre, sans dévier ni à droite ni à gauche, les sphères sidérales lancées par la main de Dieu dans les espaces célestes.

Le divin ouvrier a livré lui-même à vos contemplations ses incomparables ouvrages, dans le dessein de provoquer vos louanges, et de vous faire admirer la précision et la fécondité des lois imposées par lui à la matière.

De ce qui précède, concluons que la vraie science et la révélation sont filles d'un même père, celui qui est dans les cieux, et que par conséquent ces deux interprètes de l'œuvre divine, doivent trouver dans leur commune origine, le principe d'une alliance indissoluble.

Quant à la petite discussion qu'ont fait naître vos très-utiles observations critiques , au sujet de l'étendue des périodes de la création , j'aime à croire qu'elle peut être regardée désormais comme entièrement close et épuisée.

Pour la formation de l'enveloppe terrestre par voie humide , c'est autre chose. Ce point fondamental de la géologie ancienne demande une étude spéciale. Je la prépare en ce moment.

Puisque vous avez bien voulu reconnaître que mon mémoire est fondé dans ses motifs en ce qui regarde la *géologie* et la *météorologie des premiers âges* , je prendrai encore la liberté de m'adresser à vous ; mais ce sera, cette fois, pour vous constituer juge sur les dires des écoles modernes comparés aux traditions primitives , relativement à la formation de notre planète.

Votre haute position dans la science et aussi dans l'enseignement officiel , sera pour tous une sûre garantie que vos appréciations éclairées porteront l'empreinte de cette impartialité qui caractérise toujours les décisions d'un esprit élevé, juste et indépendant.

Agréez , etc.

CHOYER , Chanoine honoraire.

Telle est la conclusion du débat soulevé par ma thèse sur la longueur des périodes de la création ; périodes connues des anciens , et que Moïse a constatées avec une conscience pleine et entière de ce qu'il confiait à son livre. Je suis heureux de l'affirmer de nouveau.

Pour les besoins de ceux qui n'auraient pas sous la main mon opuscule : *La Théorie géogénique des Anciens*, je dois rappeler, en quelques lignes, les propositions principales qui y sont soutenues.

J'ai dit :

1º Que les jours de la Création ont été des périodes d'une longueur indéterminée.

2º Que l'organisation du monde s'est faite *par transformation d'une matière première* créée par Dieu au commencement, *in principio*. De plus, elle s'est accomplie sous l'empire de lois successivement établies par lui, et avec le concours du temps. L'idée de *créations instantanées*, pour ce qui regarde la constitution de l'univers, se trouve ainsi complétement écartée.

3º La terre, avant le *Fiat lux*, et suivant le sens littéral de la Genèse, n'était qu'une *masse liquide*, mais liquide tout entière, et sans aucune matière solide à son intérieur.

4º Les eaux primitives qui ont formé les mers actuelles, *ne se sont point déplacées* pour se rendre dans une excavation préexistante ; mais les continents qui aujourd'hui leur servent d'enceinte, se sont solidi-fiés autour d'elles et de la sorte les ont supportées, enserrées, coercées.

Ces diverses propositions, qui pour la plupart ne se retrouvent dans aucun commentaire, tendent évidemment à nous montrer l'œuvre du Créateur sous un jour tout nouveau. C'est pour ce motif que nous osons les recommander à l'attention et à l'examen des esprits sérieux.

Cédant à son goût très-connu pour les fortes études, Mgr Freppel vient de faire porter au cahier des Conférences Ecclésiastiques, l'étude des passages sur lesquels je me trouve à donner le premier mon avis. Je m'estime heureux de voir mes aperçus contrôlés par les hommes instruits qui auront à formuler leur opinion sur le sens du premier chapitre de la Genèse mosaïque.

I.

MES CRITIQUES D'ANGERS[1].

A la suite de la polémique dont il vient d'être parlé, et qui a donné naissance à mon opuscule, je rentrai dans ma retraite pour y continuer les études que je me proposais de mettre au jour, sur la *Géologie sans cataclysmes*. Deux honorables savants, mes concitoyens, me souhaitèrent la bien-venue ; l'un à la Société d'Agriculture, Sciences et Arts d'Angers, l'autre au Cercle Catholique.

Le premier, M. d'Espinay, Conseiller à la Cour et archéologue distingué, a rédigé sur mon travail un long mémoire dans lequel il a formulé de nombreux, mais non solides griefs ; et cela, je me hâte de le dire, avec une grande politesse.

Le second, M. Farge, Docteur Médecin et Professeur d'histoire naturelle, trouva que j'avais prêté à mes adversaires des arguments directs contre moi. Le reproche est grave et provoque une réponse de ma part.

Mes deux honorables collègues et amis se sont trouvés, sans y penser assurément, à l'unisson contre le petit bruit que commençait à faire mon essai sur la géogénie biblique.

Des objections formulées par mes critiques, les

[1] Extrait des Mémoires de la Société d'Agriculture, Sciences et Arts d'Angers.

unes ont directement trait à la thèse soutenue dans ma brochure, les autres se rapportent à la formation par voie humide du globe terrestre, formation que j'ai promis de défendre, en m'appuyant à la fois sur des principes de science et sur des faits d'observation.

Cette question intéressante viendra en son temps et à son heure. Pour le moment je dois me préoccuper exclusivement du soin de dégager mon opuscule des embarras qu'on a essayé de multiplier autour de lui.

M. d'Espinay, avec une obligeance et un empressement auxquels je me plais à rendre hommage, a bien voulu me remettre son manuscrit dont on lira, plus loin, la réfutation.

Vis-à-vis de M. Farge, ma position est moins bonne. Vainement j'ai demandé, pour me guider dans mes appréciations de sa doctrine exégétique, un canevas, un sommaire quelconque.

L'honorable conférencier de la rue d'Alsace n'a pas cru pouvoir se rendre à mes désirs, par la crainte, exagérée sans doute, qu'un compte-rendu, devant le public, des causeries intimes du Cercle, ne devînt nuisible au succès de cette excellente œuvre. Disons, sans hésiter, que de pareilles appréhensions ne sont nullement fondées. Car la discussion ne peut, en aucun cas, préjudicier aux intérêts d'une institution qui, déjà, donne la mesure du bien qu'elle peut faire, en conviant ses membres à l'étude de questions aussi utiles que le sont celles dont nous allons aborder l'examen.

RÉFUTATION DE L'EXPOSÉ DE M. FARGE.

Le premier jour de la Création.

M. Farge a essayé de prouver premièrement que c'est au *fiat lux* qu'ont été créés les *agents des forces physiques*, tels que le calorique et tous les autres impondérables qui ne paraissent en être que des manifestations.

En outre, il a prétendu qu'au deuxième jour, c'est la *matière cosmique* du monde sidéral et non l'atmosphère aérienne qui a été appelée à l'existence par la volonté créatrice.

Deux propositions que je tiens pour également erronées. Je vais essayer d'en donner la preuve. Elle est facile.

M. Farge aime la Bible et il s'efforce même de la défendre avec un zèle digne de louange. Mais la Bible est on ne peut plus explicite sur l'état que présentait le globe terrestre au moment où a été créée la lumière. C'était, dit l'Ecrivain sacré :

1º Une masse sans fond ou un *abîme*.

2º Cet ensemble de minéraux à l'état liquide était nu et sans limite à sa surface.

3º Quelle que fût la matière de son intérieur que nous ne connaissons pas bien, la partie superficielle était de l'eau.

4º Le tout était enveloppé par d'épaisses ténèbres.

Ces quatre particularités importantes se trouvent

nettement exprimées dans les deux premiers versets de la Genèse : *In principio Deus creavit cœlum et terram. Terra autem erat* inanis *et* vacua *et* tenebræ *erant super faciem* abyssi, *et Spiritus Dei ferebatur super* aquas.

Mais si telle était la terre au moment où le Créateur s'apprêtait à faire briller la lumière, il y avait déjà, pour sûr, des *agents des forces physiques*, voire même en particulier de la chaleur.

Reprenons :

La masse initiale de la terre formait un *abîme*. Mais un amas de matière, quelle que fût d'ailleurs sa nature, n'a pu exister sans *l'attraction générale*.

L'Esprit de Dieu, est-il dit, était porté sur les eaux. Donc il y avait de l'eau. C'est élémentairement logique. Mais l'eau, tout le monde le sait, est un composé parfaitement régulier ; deux volumes d'hydrogène pour un volume d'oxygène, ni plus ni moins. Une pareille union n'a pu s'accomplir évidemment sans la grande et merveilleuse loi de *combinaison*.

Enfin de ce que l'eau était à l'état liquide, il y avait sûrement de la chaleur ; et toutes les lois qui s'y rapportent devaient elles-mêmes fonctionner. Qu'en pense M. Farge ? Viendra-t-il nous dire encore que les *agents* des forces *physiques* n'existaient pas avant la création de la lumière ? Ce n'est pas probable. Car il ne peut oublier que c'est après avoir soigneusement décrit toutes les particularités dont il vient d'être question, que Moïse ajoute : *Dixit Deus : fiat lux.*

Ce qu'il y a de bien certain , d'après le texte génésiaque et tout ce que nous venons de dire , c'est que
le calorique a préexisté à la lumière qui n'en est qu'une
manifestation , ou mieux encore un développement. Je
remercie mon savant critique de l'occasion qu'il me
fournit d'affirmer de nouveau cette vérité de première
importance pour la saine interprétation de l'œuvre de
Dieu.

Ainsi l'explication de M. Farge se trouve à la fois en
opposition et avec la teneur du texte génésiaque et
avec les données fondamentales de la science. J'attends
sa réponse à ma double dénégation.

Je sais que le savant docteur s'est ménagé d'a-
vance une issue pour échapper à la conclusion que
je viens de formuler. Il ne manquera pas d'invoquer
l'opinion de certains interprètes de la Genèse , lesquels
ont pensé que l'eau dont parle Moïse , pourrait bien
n'avoir pas été de *l'eau ordinaire*, mais simplement un
liquide quelconque.

Pourrait bien n'avoir pas été de l'eau ordinaire.....
Entendons-nous ; n'avoir pas été de l'eau seule, oui ;
mais n'avoir pas contenu d'eau absolument , cette assertion n'est pas admissible. La grande intelligence
qui a raconté, avec tant de supériorité , la genèse du
monde , n'a pu se méprendre au point d'appeler de
l'eau ce qui n'en aurait pas été réellement. Mettez dans
l'eau primitive autant que vous voudrez de substances
élémentaires, encore faut-il, d'après le texte sacré, qu'il
y ait eu de l'eau. Or n'en eût-il existé qu'une seule

goutte , mon raisonnement , je vous prie de le remarquer , conserverait toute sa force.

La question se trouve donc réduite à ce point capital , à savoir si dans le texte hébreu , le *Spiritus Dei ferebatur super aquas* indique oui ou non de l'eau , telle que celle qui se présente partout à nos observations. Or le fait est positif ; car toutes les traductions de la Genèse , sans exception aucune , emploient le mot *aqua* ou son correspondant, pour rendre la pensée exprimée dans l'original. Je puis à cet égard porter un défi à M. Farge et à M. Lemarchand qui a essayé de le défendre à la Société.

Au reste , s'il fallait au passage en question , un commentaire irrécusablement vrai , ce serait la Bible elle-même qui se chargerait de le fournir, ainsi qu'en peut témoigner au besoin l'étude suivante [1]. De cette sorte, le

---

[1] Voici comment a été compris le second verset de la Genèse par les anciens traducteurs de la Bible :

Les Septantes :	Terra erat invisibilis et incomposita.
La Vulgate :	Terra erat inanis et vacua.
Aquila :	Terra erat vanitas et nihil.
Symmaque :	Terra erat otiosa et indigesta.
Théodotion :	Terra erat inanis et nihilum.
Onkélos :	Terra erat desolata et vacua.

Le même passage avait déjà été commenté par le livre de la Sagesse qui s'exprime ainsi : Creavit orbem ex materia invisa.

Enfin , il est une remarque très-importante à inscrire ici. C'est que tous les traducteurs précités ont unanimement fait porter sur *les eaux*, l'esprit, le souffle ou le vent de Dieu, comme on voudra l'appeler.-

Mais en preuve qu'il s'agit bien d'une eau semblable à celle dont nous nous servons aujourd'hui, nous pouvons invoquer le témoi-

enversement des notions du langage invoqué par le savant professeur pour étayer une opinion qui ne peut se soutenir, se trouve en opposition, non-seulement avec les données de la science et avec le texte génésiaque, mais encore avec les idées généralement reçues dans les diverses parties de la Bible. Voilà pour le premier jour. Arrivons au suivant.

Le deuxième jour de la Création.

Selon **M**. Farge, ce n'est pas l'atmosphère aérienne qui a été créée à cette seconde époque, mais bien la *matière cosmique* et l'étendue qui la contient.

Ici l'honorable docteur, oubliant un moment son rôle de représentant de la science moderne, a invoqué en sa faveur le témoignage de quelques Pères de l'Eglise qui, assurément, s'ils avaient eu à leur service l'état actuel des sciences d'observation, ne l'auraient pas négligé pour confondre les détracteurs de nos traditions religieuses.

L'opinion de **M**. Farge, bien qu'en retard sur la science qui a cours aujourd'hui, a pour elle quelques circonstances atténuantes. Je ne veux pas lui en refuser

gnage de l'Eglise elle-même qui dit, dans l'office du Samedi-Saint : *Benedico te, creatura aquæ, per Deum vivum.... qui te, in principio, verbo separavit ab arida cujus spiritus super te ferebatur.*

plus longtemps le bénéfice. Elles se tirent, ces circonstances, de l'hésitation qui s'est manifestée jusqu'à nos jours, parmi les interprètes, au sujet de la partie de l'univers désignée par la création du *ciel* ou *firmament*. Pour ne citer qu'un nom autorisé, donnons celui du docteur Reusch, professeur à l'université de Bonn. Après avoir longuement recherché quelles pouvaient être les eaux supérieures dont parle l'historien de la création, le savant commentateur ajoute : « Nous nous arrêtons » donc à l'opinion que l'œuvre du second jour est la » formation de l'atmosphère terrestre [1]. »

Cette concession faite de bon cœur à mon antagoniste, je vais essayer d'abord de projeter quelque lumière sur ces *eaux supérieures* qui ont tant embarrassé les commentateurs de la Genèse. Je le ferai à l'aide de rapprochements qui m'appartiennent, et dont par conséquent je dois prendre toute la responsabilité.

Les eaux supérieures dont il est si souvent parlé dans la Bible, et qui ont dû être séparées des eaux inférieures par le firmament, n'étaient autres, à mes yeux, que celles qui constituaient l'atmosphère de vapeurs dont était primitivement entourée la terre, alors qu'elle n'était encore qu'une masse aqueuse, alors que l'atmosphère aérienne faisait défaut.

Que cette enveloppe vaporeuse ait existé au commencement des choses et avant la création du firma-

---

[1] *La Bible et la nature.*

ment , c'est un fait que l'on ne peut mettre en doute. Car la science prouve clairement qu'il a dû avoir lieu , et la Bible affirme nettement de son côté, qu'il a existé. Donnons un instant d'attention à ce double moyen de nous convaincre.

Entendons d'abord la science.

Tous ceux qui se sont quelque peu occupés d'études de physique , savent que quand on fait le vide dans un tube dans lequel on a préalablement introduit une petite quantité d'eau , au fur et à mesure que l'air disparaît , le liquide se vaporise. D'où il faut rigoureusement conclure que si les couches aériennes cessaient aujourd'hui de peser sur les mers, une atmosphère de vapeurs formée à leurs dépens, les remplacerait immédiatement autour de notre planète. Cette première conclusion, que je crois inattaquable , repose comme on voit, sur un fait de science expérimentale. Je ne saurais trop appeler l'attention sur cette révélation des découvertes modernes. Car elle aura l'avantage de faire cesser bien des embarras relativement à l'interprétation du texte génésiaque, en même temps que d'écarter pour toujours l'idée malencontreuse de voir dans les vapeurs qui ont entouré le globe terrestre à son origine , un indice en faveur du *système plutonien* [1].

Quant à ce qui me *concerne*, qu'on ne vienne pas

---

[1] Cette pensée a été émise dans un article de Mgr de Kernœret, au sujet de ma brochure. Voir la *Revue des sciences ecclésiastiques* , numéro de décembre 1871.

dire que je prouve la science par la Bible. C'est le contraire qui est la vérité. Je m'efforce d'expliquer nos textes sacrés à l'aide des données scientifiques les plus incontestées.

Maintenant, si par la pensée nous nous transportons à ces temps reculés où la terre naissante n'était, au témoignage de Moïse, qu'une *masse aqueuse*, *Spiritus Dei ferebatur super aquas* ; si nous considérons qu'à cette époque primitive, l'atmosphère aérienne, pour nous le firmament, n'existait pas encore, évidemment un phénomène tel que les expériences de physique peuvent nous le faire concevoir, a dû s'accomplir autour de l'abîme sans limite qu'*échauffait* l'esprit de Dieu ; mais non encore une fois, l'incandescence produite par le feu central.

Cependant, si en regard de ces témoignages on ne peut plus explicites de la physique, je mets les dépositions des textes sacrés sur la réalité du fait indiqué par les expériences, nous ne serons pas peu étonnés de trouver les deux témoignages en parfait accord.

Voici d'abord un passage que nous lisons au livre de l'Ecclésiastique dont les paroles significatives sont mises dans la bouche même de la Sagesse. J'ai fait briller dans les cieux une lumière qui ne devait plus s'obscurcir, et j'ai *enveloppé la terre tout entière comme d'une nuée. Ego feci in cœlis ut oriretur lumen indeficiens, et sicut nebula texi omnem terram. Eccles.* XXIV - 6.

Dans ce passage qui n'est qu'un commentaire manifeste du texte de Job que nous allons citer tout à l'heure, il s'agit de la terre au moment de la création de la lumière, et de l'état des eaux qui la constituaient, avant que le firmament ne les eût séparées les unes des autres. Car la mention de l'apparition de la lumière est pour nous un point de repère précieux que nous ne devons pas négliger. D'un autre côté, l'idée de nuée dans l'Ecriture emporte toujours celle de masses à la fois vaporeuses et aqueuses.

De sorte qu'à l'époque initiale de l'œuvre des six jours, la terre *tout entière* était vraiment enveloppée par une atmosphère de vapeurs. *Sicut nebula texi omnem terram.*

Nous avons parlé du livre de Job. Ah ! c'est là que se trouve célébrée avec magnificence, on peut le dire, la naissance de la terre au milieu des eaux et par les eaux. Ce fait, par-dessus tout important, au point de vue qui nous occupe, résulte d'un interrogatoire adressé par Dieu lui-même à son fidèle, mais présomptueux serviteur.

En voici le texte : Qui a retenu la mer alors qu'elle cherchait à se répandre hors du sein qui la contenait, alors que je lui donnais pour vêtement une *nuée de vapeurs*, et que je l'enveloppais dans *l'obscurité*, comme un enfant dans ses langes ?

Quis conclusit ostiis mare quando erumpebat quasi de vulvâ procedens, cum ponerem nubem vestimentum ejus, et caligine illud quasi pannis infantiæ obvolve-rem? XXXVIII - 8.

Dans ce passage très-remarquable, les images les plus énergiques sont mises au service de la pensée qu'on a pu hésiter à bien saisir, tant que la science n'est pas venue l'éclairer. Mais aujourd'hui que le progrès des études nous a révélé ce que devait être une masse d'eau sans atmosphère, l'embarras n'existe plus. J'ai montré dans ma brochure comment pouvait se rapporter au troisième jour la première partie du texte, tandis que la deuxième moitié qui est caractérisée par l'allusion aux ténèbres primitives, devait s'appliquer nécessairement à la mer, avant la création de la lumière, à ces eaux sans limites que Moïse désigne sous le nom expressif d'*abîme*, ou de masse sans fond. Les deux versets, comme on le voit, ont trait, selon nous, à deux phases diverses d'une seule et unique mer. [1]

Dans le texte original il y a une opposition manifeste entre l'idée de terre solide telle que nous la voyons

---

[1] L'abbé Duguet, dont *l'explication de l'ouvrage des six jours* a été louée par Feller comme *l'un des meilleurs commentaires que l'on puisse lire sur l'histoire de la création*, pense que les deux versets doivent être rapportés à l'état primitif de la terre. Ce sentiment prouve au moins que l'allusion du second à l'origine de notre globe, peut être regardée comme hors de conteste, et que le liquide dont il s'agit ici était bien de l'*eau*.

De son côté, dom Calmet n'hésite pas à dire que *Dieu fait allusion dans ce passage à ce que Moïse raconte dans la Genèse : les ténèbres étaient sur la face de l'abîme.*

aujourd'hui , et celle du milieu liquide où elle se trou-
vait en principe. De là, ces expressions si justes et si
instructives des Septante : *Terra erat invisibilis et
incomposita*. C'est peut-être , pour ce passage, la meil-
leure de toutes les versions. Mais cet état de choses
primitif n'exclut en aucune façon la présence de l'eau.
Au contraire, il la suppose comme dissolvant. Est-ce
que l'on ne peut pas dire , en effet, en parlant des
minéraux liquides et combinés que contient la mer
actuelle , qu'ils sont invisibles et incomposés, si ; par
la pensée, on les met en regard de ce que sont les
mêmes éléments dans les roches constitutives de
nos continents. Qu'on ne nous oppose donc pas que
les expressions de l'hébreu signifient aussi bien un
liquide en général que de l'eau en particulier ,
parce que cette raison ne vaut pas, nous l'avons déjà
prouvé.

D'ailleurs, le texte de l'*Ecclésiastique* , de même que
celui de Job , indique une circonstance décisive.
C'est celle des ténèbres qui cachaient dans une
obscurité complète, la nuée de vapeurs évidemment aqueuse dont il est également parlé dans
les deux endroits , avec cette différence pourtant
que dans le premier, l'atmosphère vaporeuse en-
toure la *terre entière* , (la terre du commencement)
tandis que les paroles de Job s'appliquent à la mer
seulement. Mais il est on ne peut plus facile d'apercevoir
que l'un et l'autre passage tiennent un langage identi-

que pour le fond, si, comme il a été dit tout à l'heure, les deux textes se rapportent à un même objet, indiqué par deux noms différents. Or c'est manifestement ce qui a lieu, puisque la masse liquide du commencement est appelée tantôt la *terre*, et tantôt l'*abîme* ou la *mer* aqueuse sur laquelle reposait l'Esprit de Dieu.

Est-il possible, je le demande, de mieux exprimer que par les figures qui précèdent, l'état des eaux primitives, alors qu'elles n'étaient point encore ni resserrées, ni coercées, ni divisées par l'atmosphère aérienne ? Dieu, dit l'annaliste sacré, produisit ce dernier milieu précisément pour faire la part à chacune d'elles. *Fiat firmamentum in medio aquarum ut dividat aquas ab aquis.* Encore une fois tout cela suppose à n'en pouvoir douter un liquide aqueux.

Pourquoi donc aller nous perdre dans les *espaces* et la *matière cosmique* pour trouver une solution que nous avons sous la main ?

La simplicité est l'un des caractères les plus frappants de l'œuvre divine. Si celle-ci est embrouillée quelque part, ce n'est assurément que dans les systèmes de cosmogonie et de géologie.

Pour conclure, au sujet de la création du second jour, affirmons qu'il ne peut plus y avoir de difficultés relativement à ces eaux supérieures qui ont tant fait chercher les interprètes. Elles se trouvaient autour de la terre à l'état de vapeurs. C'est un fait que la science déclare avoir dû se produire, et la Bible, nous l'avons vu, atteste pareillement avec précision , qu'il s'est produit. Que de passages obscurs sont ainsi appelés à s'éclaircir par le progrès des études ! Honneur à la vraie science !

Ce qui a peut-être induit M. Farge en erreur, sur la nature du firmament produit au second jour, c'est la dénomination même de *ciel* qui est prise dans des acceptions très-variées.

Il est bien vrai que , selon l'Ecrivain des six jours , Dieu appelle ciel le firmament. *Vocavit Deus firmamentum cœlum.* Mais il ne l'est pas moins , que le même terme signifie tour à tour le ciel aérien et le ciel sidéral et souvent les deux à la fois ; ce qui est d'ailleurs on ne peut plus rationnel , puisque , pour apercevoir l'un , il faut passer à travers l'autre.

C'est ainsi que dans le premier verset de la Genèse, *cœlum* signifie manifestement tout ce qui dans l'univers, n'est pas la terre. *In principio Deus creavit cœlum et terram.* Dans l'invitation suivante adressée aux oiseaux du *ciel* de louer le Seigneur, *benedicite omnes volucres cœli Domino* , il est évidemment parlé de l'atmosphère aérienne. Quelquefois on dit le ciel du ciel ou les cieux des cieux, ce qui indique bien deux parties d'un seul tout.

Les anciens avaient des notions plus exactes qu'on n'est généralement porté à le croire, sur l'étendue limitée de l'atmosphère. Je n'en veux citer en preuve que le passage suivant du Décalogue , dans lequel Dieu défend à son peuple de rien adorer de ce qui est dans le ciel sidéral placé au dessus du *firmament*, autrement dit, le ciel. *Non facies tibi sculptile nec similitudinem omnium quæ in cælo sunt desuper*, ou si l'on met son équivalent, *in firmamento desuper*, *et quæ in terra deorsum*. Il y a là manifestement un ciel limité par un dessus et un dessous. C'est l'atmosphère terrestre. Mais si, avec l'interprétation de M. Farge, il fallait aller chercher un dessus et un dessous de la *matière cosmique*, je me demande, et je lui demande à lui-même, où l'on pourrait les rencontrer.

Mon honorable contradicteur et ami a cru pouvoir tirer de ma thèse un argument en faveur de son opinion. Voyons jusqu'à quel point une pareille prétention peut être fondée.

J'ai fait observer, dans ma brochure, qu'avant la création du soleil, il n'avait pas plu sur la terre, et j'ai attribué cet effet étonnant à l'absence même du grand luminaire qui n'a brillé qu'au quatrième jour. M. Farge a reconnu que mes rapprochements étaient ingénieux. Il les a même loués en des termes flatteurs dont j'ai été très-touché, comme je l'ai été des applaudissements sympathiques du Cercle. Mais je n'ai pu accepter les conclusions que mon savant contradicteur en a tirées. Parce qu'il ne pleuvait pas, a-t-il dit, l'atmosphère que je supposais avoir été créée au deuxième jour, n'était pas un ciel comme celui qu'il aurait fallu admettre, ou si mieux on aime, comme celui qui pèse sur nos têtes , puisqu'il ne pouvait pas supporter des nuages , etc., etc...

Ici , pour répondre aux considérants invoqués contre moi, je cède la parole à l'éminent astronome qui m'a fait l'honneur de m'adresser ses observations critiques.

« Le raisonnement de M. Choyer, dit M. Faye, est
» bien clair : *les pluies étant produites par l'action du*
» *soleil* , elles devaient naturellement faire défaut au
» troisième jour , puisque la création du soleil ne date
» que du quatrième; dès lors il fallait un moyen pro-
» visoire pour fournir à la végétation du troisième jour
» l'aliment indispensable. Moïse avait omis d'en parler
» au premier chapitre. Mais il répara son omission au
» second : *sed fons ascendebat è terrâ* , pour suppléer
» à *l'absence du soleil* et *par suite au manque de pluie*
» pendant la durée de la troisième période. Tout cela
» se suit bien du moment où l'on adopte le point de
» départ de son auteur M. l'abbé Choyer. » (Voir la brochure, page 17.)

Ainsi c'est bien entendu : le ciel atmosphérique créé, selon moi , au deuxième jour , ne versait pas de pluie sur la terre , non parce qu'il était impuissant à supporter des nuages , mais bien parce que le soleil qui devait les former, faisait défaut.

Mes notions uranographiques contrôlées et trouvées exactes par l'habile maître dont on vient d'entendre le témoignage , me permettent de dire à l'honorable conférencier que pour trouver un appui à ses opinions dans ma brochure , il doit aller les chercher ailleurs que dans le chapitre indiqué par lui.

Voilà pour la question d'exégèse relative à l'objet de la création des deux premiers jours de l'hexaméron.

Arrivons maintenant à une conclusion plus générale.

Si les choses se sont passées comme nous l'avons dit, la Bible , pour parler le langage de l'abbé Duguet , nous fait assister à la naissance véritable de notre planète. Elle s'est formée dans les ténèbres ainsi que devaient le faire après elle tous les êtres organisés. Rien n'est expressif et touchant comme cette attention du Créateur qui reçoit lui-même , dans ses mains , le nouveau-né , qui l'enveloppe d'un vêtement vaporeux, et lui dérobe le jour jusqu'à ce que ses forces lui permissent de le supporter.

Mais que nous sommes éloignés des hypothèses de la *théorie ignée* du globe ! Théorie dont on ne trouve aucune indication dans la Bible , tandis que les allusions à la formation aqueuse de la terre sont , pour ainsi dire , aussi multipliées que les pages elles-mêmes de nos textes sacrés.

Faut-il rappeler que des oppositions manifestes et radicales se présentent encore dans les passages mêmes que nous venons d'étudier et qu'elles rendent les deux systèmes absolument contradictoires ?

Ce n'est pas seulement , en effet , l'eau et le feu qui

ne peuvent se concilier , dans ces deux origines si différentes ; la lumière et les ténèbres viennent , elles aussi, accentuer et élargir l'espace déjà énorme qui les sépare.

Car dans la Genèse biblique , nous l'avons vu , les premières langes données à la terre ont été celles d'une complète obscurité , pendant que la compression des vapeurs lui tenait lieu de bandelettes.

Dans l'origine incandescente du globe terrestre , c'est avec la splendeur d'un astre radieux qu'il fait son apparition dans le monde. Plus tard , il est vrai , selon l'expression originale de Buffon , il deviendra un *soleil encroûté*. Mais encore faut-il reconnaître qu'il a commencé par être un *soleil*. Je ne sais , si en suivant les données de la cause ignée , il est possible de mieux tourner le dos à la Bible.

La plupart des géologues modernes qui font ou qui dirigent la science, ont bien compris la position qu'ils prennent vis-à-vis des traditions hébraïques , en soutenant que la terre s'est formée par refroidissement. Ils ont jeté la Bible dans un coin de leur bibliothèque, en déclarant que c'était un livre auquel on ne pouvait rien comprendre , et ils l'ont laissé tranquillement s'ensevelir dans la poussière.

En mettant ainsi à l'écart notre livre sacré par excellence , ils ont été conséquents avec eux-mêmes et avec leurs principes géogéniques. Mais que ceux qui se déclarent hautement partisans de la Bible , qui la lisent affectueusement et la défendent même, au besoin, avec zèle et énergie, soient les prôneurs de l'hypothèse qui ferait de la terre le résultat d'une incandescence refroidie, c'est, je l'avoue, ce que je ne m'explique pas facilement.

J'en ai dit assez sur la doctrine exégétique de M. le docteur Farge. Arrivons maintenant aux griefs de M. d'Espinay contre mon livre.

Réfutation du rapport de M. d'Espinay.

Après de nombreuses recherches, de longues méditations et des renseignements pris auprès des hommes les plus compétents dans la question, je me suis décidé à signaler à l'attention du monde instruit, un fait significatif de la Genèse mosaïque, duquel, selon moi, devait découler une conséquence incontestablement importante au double point de vue de la géologie et de l'exégèse biblique, à savoir que les jours de la création auraient été des *périodes* d'une durée étendue.

Cette thèse nouvelle venait de paraître, quand M. Faye, tout préoccupé des suites que pouvaient avoir de pareilles affirmations soutenues par un prêtre, se demanda si mes conclusions étaient bien justifiées par la science en général et en particulier par celle des anciens. Ce qui paraît surtout avoir frappé le savant académicien, c'est que j'admettais, dans l'Ecrivain sacré, la pleine et entière conscience de ce qu'il avait confié à son livre ; en d'autres termes, qu'il avait écrit avec l'intention bien arrêtée d'indiquer des périodes et non des jours ordinaires.

Pour convaincre mon éminent contradicteur, je crus devoir lui présenter le raisonnement suivant : si l'idée émise par Moïse était dans l'esprit de ses contemporains ; si elle a persévéré dans les traditions qui se sont faites sur ses ouvrages, ou sur des documents parallèles, jusqu'à la naissance même du Christianisme, il faudra bien qu'il me soit accordé que l'historien sacré, en formulant sa pensée, l'a fait avec complète connaissance de cause. C'est ainsi que, pour prouver la mineure de mon syllogisme, j'ai été amené à rechercher quelle a été la géogénie des âges primitifs, et celle des générations qui leur ont succédé.

Ce travail fait, j'ai pris soin de prévenir, dans une note, que, *comme complément et comme contrôle de la théorie géogénique* des peuples de l'antiquité, je mettrais, dans un travail subséquent, en regard de leurs dires, ceux de la géologie contemporaine.

Telle est, en quelques mots, la proposition que j'ai osé soutenir devant le public, et qui a motivé les observations critiques de M. Faye.

Ainsi la question débattue au fond est celle-ci : les jours génésiaques ont-ils été des périodes ou bien des jours de vingt-quatre heures, comme ceux qui divisent aujourd'hui notre temps ? Là est le véritable point de la discussion.

En rendant compte de ma brochure devant la Société d'Agriculture, Sciences et Arts d'Angers, M. d'Espinay a détourné l'attention du lecteur de cette base fondamentale de la controverse, pour la porter sur un objet secondaire. Tout naturellement, en effet, il devait signaler les objections relatives à ma thèse, et ajourner celles qui peuvent avoir trait à la partie réservée. Mais il n'en a point été ainsi. A part une très-légère difficulté, qui ne repose d'ailleurs que sur une méprise, il n'a pas été dit un mot tendant à contester la vérité principale que je m'étais efforcé d'établir dans mon livre. Bien plus : si j'étais mis en demeure de faire connaître le sentiment de mon honorable critique, au sujet des jours génésiaques, bien que j'aie lu avec attention son analyse, je confesse qu'il me serait difficile de dire lequel a ses préférences du système des périodes ou de celui des jours ordinaires.

En revanche, M. d'Espinay, trop préoccupé de la défense des opinions actuellement reçues en géologie, a donné, à ces dernières, une importance exceptionnelle, comme si elles eussent fait l'objet du débat. De ce déplacement regrettable de la question, il est résulté à l'encontre de mon étude, une série de difficultés, sinon intempestives, au moins prématurées. Dans cet état de confusion, ma première préoccupation a dû être évidemment de remettre chaque chose à sa place, et de rentrer moi-même dans le plan que je me suis tracé dès le commencement.

Voilà pour la satisfaction que réclament l'ordre et la méthode.

Nous pouvons maintenant aborder l'examen des difficultés soulevées par M. d'Espinay. Nous donnerons privilége à l'objection unique qui, ainsi que nous l'avons fait observer, a été formulée contre ma thèse proprement dite. Elle est tirée de ma dissertation sur les termes *vespere et mane*, *dies unus*.

Il me semble, dit l'auteur du rapport, *qu'en opposant cette explication à M. Faye, M. Choyer n'a pas détruit du tout le système de celui-ci.*

Je n'ai jamais eu un seul instant, je l'avoue, ni la volonté, ni même la pensée de le détruire par l'interprétation nouvelle que j'ai donnée des expressions susmentionnées. M. Faye a cru devoir les invoquer contre moi ; c'est pour éviter les conséquences de son argumentation, que j'ai dû mettre en relief son peu de solidité, et montrer qu'elle manquait absolument de base.

A ce résultat unique ont tendu tous mes efforts ; que M. d'Espinay veuille bien relire la petite discussion relative aux expressions *vespere et mane*, et il ne tardera pas à être de mon avis.

La première des dénégations formulée contre les parties secondaires de mon opuscule, se tire de la dépression du globe à ses pôles.

Suivant le compte-rendu :

M. Choyer croit que l'aplatissement de la terre aux

pôles ne peut s'expliquer que par l'état de fluidité aqueuse qui aurait été son état primitif.

Si l'auteur du rapport veut bien se reporter au passage de ma brochure, page 46, il verra sans peine qu'il ne s'agit point de prouver que la fluidité primitive fût plutôt aqueuse qu'incandescente, mais tout simplement que les molécules constitutives de la masse terrestre, sans préoccupation d'aucun système, ont été primitivement en *état de liberté*, le mot y est, et il s'y trouve justifié par ce quasi axiôme des anciens : *Elementa non agunt nisi soluta.* Il y a donc encore eu là méprise. Passons.

Le rapport s'étonne de me voir partisan du système de Laplace, lequel, comme on sait, admet l'origine ignée de notre planète.

Ce que j'ai pris et défendu dans le système du célèbre astronome, c'est l'origine de la matière à l'état de ténuité extrême et sa division en globes stellaires et planétaires. Mais attendu que la matière a pu se diviser pendant qu'elle était à l'état gazeux ou fluidiforme, e que, de fait, l'inspection des nébuleuses confirme cette opinion, je n'ai attaché aucune importance à la fusion ignée.

Au reste la première étude géologique répondra nettement à cette difficulté. Nous sommes donc dispensé de nous y arrêter plus longtemps.

L'objection suivante me met encore en présence d'une conséquence que je n'ai point tirée. C'est à propos du système héliocentrique. Au dire de **M.** Chaubart, les peuples anciens l'avaient reçu de leurs ancêtres antédiluviens. Suivant **M.** d'Espinay, cela ne prouve pas qu'il fût connu des Hébreux. Je le crois bien ; et je n'ai jamais eu la pensée de mettre à leur avoir scientifique cette nouvelle richesse, dont ils n'avaient d'ailleurs nul besoin pour posséder des titres à notre admiration. Que cela suffise.

Ailleurs, et à l'occasion des connaissances descendues, selon moi, de l'Eden, on veut réclamer en faveur des belles intelligences des races primitives qui ont bien pu faire des découvertes dans les sciences en général, et dans l'astronomie en particulier.

Mais qui donc a refusé aux intelligences des premiers âges la possibilité de faire des découvertes dans les sciences ?

Ce n'est pas moi, pour sûr, moi qui ai consacré la moitié de mon livre à prouver l'incontestable supériorité intellectuelle des peuples primitifs sur leurs descendants de toutes les époques. Si quelque chose m'étonne, c'est que M. d'Espinay ait tenté de me faire ce reproche, alors que lui-même affirme quelques lignes plus bas : que d'après mon exposé, les *œuvres de l'antiquité attestent une force de conception d'une prodigieuse énergie.*

Ajoutons encore que la réponse à l'objection qui m'est faite, se trouve écrite en toutes lettres à la page 153 de ma brochure. Les anciens, ai-je dit, *on ne peut le nier, avaient une science, soit acquise,* (remarquez bien ce mot) *soit traditionnelle.* Que peut-on me demander de plus précis ?

Mon honorable critique a fait confusion de la science des Hébreux avec la science des anciens en général, ce qui n'est pas la même chose.

En parlant des rapprochements que j'ai faits entre les écoles païennes et les traditions juives, l'auteur du rapport fait la réflexion suivante :

« Cette thèse n'est pas neuve et serait digne assu-
» rément d'une étude approfondie, mais sur ce point,
» je trouve dans l'ouvrage de notre auteur une alléga-
» tion, mais pas de preuves à l'appui. »

Le Mémoire en constatant que la thèse n'est pas neuve, répond lui-même à l'objection qu'il fait immédiatement après. Car si la thèse n'est pas neuve, elle a été soutenue par d'autres. Il y a donc sur ce point, comme il le dit, un sujet assurément digne d'une étude approfondie des ouvrages faits et, qu'en effet, j'ai consultés. M. d'Espinay voudrait-il donc que, dans un simple essai et pour des parties secondaires dans mon travail, j'eusse fait une analyse des œuvres que je viens de mentionner ? Il suffisait au résultat que je voulais obtenir de mettre la teneur du texte génésiaque en regard de l'enseignement des Écoles anciennes. La coïncidence des affirmations devenait à elle seule un moyen suffisant de conviction. Au moins, faut-il le répéter encore, elle suffisait à l'importance du but que je me proposais d'atteindre.

Enfin, j'arrive à l'explication nouvelle que j'ai donnée de la création des plantes avant le soleil.

On veut que les germes créés dans le sol aient pu aussi bien se développer sous les ardeurs des rayons solaires qu'en l'absence de cet astre destiné à nourrir une végétation complétement organisée. Il faut pourtant convenir que, toutes choses d'ailleurs égales, il y a une énorme différence, au point de vue qui nous occupe, entre des germes purs et simples, prenant naissance dans le sol, et les mêmes embryons arrivant à l'éclosion dans une *graine*.

Est-ce que la nourriture préparée dans la semence, quelle qu'elle soit, n'est pas au germe ce que le lait est au petit de l'animal ? Essayez donc de priver un quadrupède naissant de l'aliment que la nature a préparé dans le sein de sa mère, pour son premier âge, et vous me direz si vous réussirez à sauver de la mort l'être chétif que vous aurez soumis à l'expérience.

Dans ma brochure, j'avais pourtant insisté sur ce fait que la terre a donné naissance aux germes *sans la graine*, ce qui est le fait capital. Quand M. d'Espinay me parle des plantes sauvages qui naissent et se développent sans le secours *des paillassons* de l'horticulteur, il perd évidemment de vue que les germes des plantes sauvages arrivent à l'existence dans une *graine*, tandis qu'au troisième jour de la création, ces mêmes em-

bryons seraient sortis de terre sans le premier aliment ,
ultérieurement ménagé pour eux , par le Créateur. En
invoquant l'expérience journalière des jardiniers , j'ai
tout simplement voulu établir un *à fortiori* ; et je dois
dire que je le maintiens tout entier.

Une objection plus sérieuse est celle qui a été faite
pendant la séance, et que je trouve à la marge du manuscrit. M. d'Espinay a eu raison de la faire entrer dans
sa critique , si elle n'y était pas , parce qu'elle est spé-
cieuse.

Elle est tirée des expressions de la Genèse : *Produ-
cant aquæ reptile animæ viventis , et volatile super
terram sub firmamento cœli...* et de ces autres : *Produ-
cat terra animam viventem et motabilem, etc.*

Cette objection s'est présentée à moi , dès le commencement de mes recherches , et pourtant elle ne m'a pas
fait hésiter un seul instant dans mes conclusions. Voici
les motifs qui m'ont déterminé.

Il est bien vrai que la formule qui , dans le récit biblique , fait naître les plantes , et celles qui donnent plus
tard aux poissons et aux oiseaux le mouvement et la
vie , se ressemblent beaucoup. Cependant , si l'on consi-
dère l'énoncé du résultat produit par la création nouvelle , on aperçoit facilement une différence radicale ,
que je vais essayer de faire comprendre.

Les commentateurs attentifs ont fait cette remarque
très-importante , que dans le récit du premier chapitre
de la Genèse , le mot *creavit* n'est employé que trois

fois ; une fois pour la création de la matière au commencement, une fois pour celle des animaux, et une fois pour celle de l'homme. Est-il besoin d'insister pour faire ressortir la signification de cette réserve de l'historien sacré, en même temps que l'application du mot *créer*, à la matière première de l'univers et aux êtres doués d'intelligence ?

Cette particularité constitue donc une différence réelle entre le décret divin qui donna la vie aux plantes et celui qui pourvut les êtres susceptibles de sensibilité et de motabilité, d'un principe que les lois et la matière, à elles seules, ne pouvaient produire ?

Ce qui ne contribue pas peu à marquer la dissemblance que je viens de signaler, c'est la teneur du contexte lui-même. Après qu'il eût créé tous les grands animaux, tant marins que terrestres, Dieu, reprend l'annaliste des six jours, créa les animaux *que les eaux avaient produits*, chacun suivant son espèce. *Creavit Deus cete grandia et omnem animam viventem atque motabilem, quam produxerant aquæ in species suas, et omne volatile secundum genus suum.* (Gen. I - 21.)

Déjà, en discutant le mode de formation du ciel et de la terre, j'ai eu l'occasion de faire remarquer la double création que nous apercevons en ce moment, et il suffit de rapprocher les deux textes, pour voir que c'est ici et là, l'énoncé d'une même manière de faire. *Istæ sunt generationes cœli et terræ quando creata sunt :* voilà la création *ex nihilo ; in die quo fecit Do-*

minus cœlum et terram : c'est la transformation des éléments primitifs pour en façonner le ciel et la terre et
tous leurs ornements [1]. Cette même pensée ressort
également des paroles qui suivent : *Igitur perfecti sunt
cœli et terra, et omnis ornatus eorum* [2]. Je n'insiste
pas davantage sur la signification de ces rapprochements. Elle s'impose à qui veut bien les examiner.

La création des animaux et celle de l'homme, ne
peuvent donc être assimilées à la formation des plantes
qui ne sont simplement que le résultat d'une loi nouvelle.

Je me propose, si j'en ai le temps, de donner une
attention spéciale à l'examen de la grande question de
l'arrivée à l'existence des êtres doués de sensibilité et de
motabilité. Je n'ose promettre la solution pleine et entière d'un problème qui, comme une foule d'autres de
la nature, sont pour nous à peu près insondables.

Mais, quoi qu'il arrive, et pour répondre à l'objection
soulevée à l'occasion des plantes créées avant le soleil,
je dirai : quand bien même la difficulté resterait insoluble, je ne devrais pas abandonner une chose clairement établie pour une partie du texte qui se trouve simplement obscure. C'est un principe élémentaire d'exégèse. Et puis j'aurais toujours à produire l'excellente
réponse qui fut faite en semblable circonstance, par un

---

[1] Voir ma brochure, page 37.
[2] Gen. ii, 1.

illustre collègue dans le sacerdoce, le chanoine Copernic.

Si votre système était vrai, lui disait-on (le système héliocentrique), la planète Vénus aurait des phases comme la lune ; or, elle n'en a pas, donc toute la nouvelle théorie s'évanouit.

J'avoue que je n'ai rien à répondre, dit le célèbre astronome, mais Dieu fera la grâce qu'on trouve une réponse. En effet, remarque M. de Maistre [1], Dieu fit la grâce (mais après la mort du grand homme), que Galilée trouvât des lunettes d'approche avec lesquelles il vit les phases de Vénus, de manière que l'objection insoluble devint le complément de la démonstration.

Je m'arrête ici. Je crois avoir suffisamment répondu aux objections formulées contre ma thèse proprement dite, et contre les considérants qui lui servent de base.

Quant aux difficultés tirées, par anticipation, des données géologiques, elles devront trouver leur solution propre dans l'exposé des études qui seront ultérieurement publiées conformément au programme proposé par ma brochure. Toutefois, je ne puis laisser passer, sans réfutation immédiate, un fait de science erroné, dont les conséquences, si elles n'étaient pas démenties, pourraient faire naître de funestes préventions contre la formation du globe au sein des eaux.

[1] Soirées de Saint-Pétersbourg, IVe entretien.

Le voici :

M. d'Espinay trouve dans l'état d'insolubilité actuelle de la silice une impossibilité à la formation de la terre par voie humide. Mais cette fin de non recevoir est inadmissible. Car les faits anciens, comme ceux qui s'accomplissent de nos jours, la condamnent également. Pour les premiers, la preuve est matériellement et invinciblement établie dans le sol même que nous foulons sous nos pieds. Les ardoises, en effet, au témoignage des analyses de deux savants distingués, Klaproth et d'Aubuisson, ne contiennent pas moins de 48 % de silice. Or les schistes ardoisiers sont remplis de débris d'êtres marins qui ne pouvaient vivre qu'à une température sensiblement égale à celle des eaux actuelles. Et j'ajoute que l'état de choses qui vient d'être signalé, n'est pas particulier aux variétés phylladiques. Tous les composés carbonatés nous le montrent à un degré plus ou moins caractérisé.

Donc, pouvons-nous conclure, les phénomènes anciennement accomplis ne laissent aucun doute sur la précipitation de la silice par voie humide.

Voyons maintenant si les faits contemporains sont moins décisifs. Ici je cède la parole à un observateur accrédité :

« La silice, dit Burmeister, qui n'entre qu'en faible
» quantité dans les éléments des substances animales,
» occupe, au contraire, une grande place dans le règne
» végétal. Toutes les graminées, et surtout les roseaux,

» les palmiers , les équisétacées contiennent , dans leurs
» tissus , une grande proportion de cette matière , et
» lui doivent leur dureté extraordinaire , le tranchant
» de leurs arêtes de déchirure et la persistance de leur
» tige. La prèle commune (*equisetum arvense*), ré-
» duite en cendre , donne 95 °/₀ de silice. Le rotang
» (*calamus rotang*) , si employé pour former le treillis
» de nos chaises , 97 °/₀. Mais ce sont encore les végé-
» taux les plus petits , composés de simples cellules ,
» tels que les *diatomés* et les *bacillaires* qui réalisent
» la fixation de silice la plus considérable. Des millions
» de ces êtres , que l'on place aujourd'hui avec raison
» dans le règne végétal , peuplent toutes les eaux tran-
» quilles , depuis les plus petits étangs jusqu'à l'océan
» lui-même , et solidifient continuellement la silice
» qui y est dissoute. Le développement immense et la
» multitude de ces êtres anguleux , si petits , munis
» d'une enveloppe de silice vitreuse et en partie rem-
» plie d'une matière colorée en brun , jaune ou vert ,
» produit des résultats prodigieux. En peu de temps , ils
» forment d'épais dépôts de plusieurs pieds de puis-
» sance et prouvent la part énergique qu'ils prennent
» à l'accroissement de la terre ferme par les grands
» gisements , de vingt à trente pieds d'épaisseur , qu'ils
» produisirent dans les périodes anté-historiques , sous
» la forme de schistes siliceux , de tripoli ou d'émeri.
» Il est incontestable que ces plantes , les plus petites
» et les plus simples du règne végétal , sont les instru-

» ments les plus importants et les plus actifs qui con-
» tribuent à séparer de l'eau la silice dissoute, et en
» sont les réducteurs à l'état solide [1]. »

Mieux renseigné désormais, **M.** d'Espinay, je l'espère,
ne m'opposera plus la fin de non recevoir tirée de l'insolubilité actuelle de la silice, si ce n'est à chaud et sous
l'action de puissants réactifs. Le fait, d'ailleurs, fut-il
aussi vrai qu'il est matériellement faux, la conséquence
qu'on en voudrait tirer serait encore logiquement ré-
préhensible, attendu qu'il est journellement démontré,
par les expériences, que des matières en dissolution
dans un liquide donnent souvent naissance à des sels
insolubles.

Ce que l'on peut et ce que l'on doit rigoureusement
conclure des faits précédemment relatés, c'est qu'à une
époque déterminée, et sans que nous sachions trop
comment, les éléments siliceux des roches dites de
transition, et avec eux ceux d'un grand nombre
de calcaires chargés de silice, ont été en liberté dans
un milieu aqueux. Voilà, je crois, ce qu'aucun de mes
antagonistes angevins ou étrangers ne pourra me refuser.

Pour me résumer, disons que des nombreuses objections faites à ma brochure, par M. d'Espinay, une
grande partie se rapporte à mes études annoncées, mais
non encore publiées. Quant aux autres qui ont trait, soit

---

[1] Hist. de la Création, p. 47.

à ma thèse proprement dite, soit aux considérants qui lui servent de base, nous avons vu combien d'entre elles doivent rester à la charge des méprises et des malentendus.

En finissant son analyse de mon opuscule, le savant rapporteur de la Société a bien voulu mettre à mon adresse quelques paroles aimables. Je l'en remercie. Cet acte de courtoisie prouve que dans les appréciations de mon travail, la passion ne s'est point faite la compagne de la critique. Je suis heureux de pouvoir lui rendre ce témoignage.

L'hypothèse du feu central.

Maintenant que j'ai réfuté isolément et en détail les assertions de mes deux contradicteurs, je veux opposer à leur commune affection pour le système de la cause ignée, un témoignage qu'ils ne récuseront pas. C'est celui d'un tout récent ouvrage que M. Farge a lui-même chaleureusement recommandé au Cercle. Je veux parler du beau et bon livre de M. Albert Dupeigne. Or voici ce que celui-ci dit en parlant de l'hypothèse du feu central : « Cette science (la géogénie) donne de la » formation du sol et de ses accidents une théorie qui » n'est pas jusqu'ici démentie par les faits [1]. »

---

[1] Nous discuterons à la première étude géologique cette assertion qui n'est peut-être pas aussi vraie qu'elle le paraît.

« Mais il reste encore bien des points d'interroga-
» tion , et les sciences sur lesquelles elle s'appuie, sont
» encore bien jeunes elles-mêmes pour que nous puis-
» sions la proclamer *définitive*. Les exemples ne
» manqueraient pas, dans ce siècle même , de théories
» scientifiques acceptées comme de l'histoire sur la
» grande autorité de leurs créateurs, et qui , vingt ans
» plus tard, ne sont plus que des romans. »

Et ailleurs :

« Dans le résumé rapide que nous venons de faire
» de cette histoire (de la formation des montagnes),
» qui n'est autre que celle de la terre tout entière , le
» lecteur a pu voir qu'il y a une partie *complétement*
» *hypothétique* , la première , où nous avons toujours
» employé la forme dubitative , et sur laquelle nous
» n'aurons plus de détails à ajouter [1]. »

La théorie de l'incandescence primitive du globe
n'est donc ni aussi bien étayée, ni aussi généralement
reçue que pourraient le faire croire les affirmations
de nos deux géologues angevins. Quelle sera leur réponse à ces lignes instructives ? Je l'ignore , mais il est
bien entendu qu'il nous faut autre chose que de simples
affirmations.

« Pas d'hypothèses purement gratuites, a dit un
» homme éminent par son intelligence et par son savoir,
» pas d'observations incomplètes, pas de conclusions

---

[1] Les Montagnes, pages 274 et 300.

» hâtives ou prématurées. Etudier les faits avec une
» scrupuleuse exactitude ; contenir l'induction dans les
» limites qui lui servent de base ; remonter aux prin-
» cipes et déduire les conséquences suivant les règles
» d'une logique rigoureuse et sévère , sans se proposer
» d'autre but que le triomphe de la vérité , c'est le
» devoir de toute science qui veut mériter ce nom. »

Ces paroles, qui expriment les plus sages conseils que nous puissions suivre au cours de la présente discussion , appartiennent à notre savant Evêque d'Angers [1]. J'invite mes opposants à en faire la règle de leur conduite dans la défense de leur chère , mais improbable hypothèse.

La foi religieuse de mes honorables antagonistes et amis a pu demeurer sans atteinte au contact des théories modernes : c'est un avantage dont je suis heureux de les féliciter. Mais il faut pourtant reconnaître que de pareils principes ne sont pas absolument sans danger. Il reste en effet à la charge du système , de la formation ignée du globe , que non-seulement il n'est pas prouvé, mais encore qu'il est assez difficilement conciliable avec les données bibliques. Car ce qui frappe tout d'abord et le plus fortement, quand on lit la Genèse de Moïse, c'est la série des opérations de la volonté créatrice , appelant séparément à l'existence chacune des parties importantes de l'univers.

[1] Discours et Panégyrique sur les droits et les devoirs de la Science, tome I, page 303.

Avec la solidification de la croûte terrestre par simple refroidissement, toute l'économie du plan divin disparaît. Les lois établies dès l'origine avec la création de la matière, suffisent à tout produire, et l'intervention directe de Dieu, dans l'organisation du monde, n'est plus nécessaire.

Quant à la vie répandue sur le globe, ne vous en inquiétez pas. Les savants plutoniens ne s'embarrassent pas pour si peu. Ils la font descendre des espaces célestes par l'intermédiaire d'un... Aérolithe... Demandez à M. William Thomson, qui pourtant n'est ni un mécréant ni un petit esprit, ce qu'il en pense.

Il ne faut plus nous étonner que la théorie ignée du globe terrestre ait été si facilement accueillie et défendue par les partisans de la matière éternelle. Le commencement seul pourrait les embarrasser. Mais il est si loin, si loin, disent-ils, qu'on ne sait au juste où il est.

Montrons, avant de finir, que si les sages réserves de M. Dupeigne avaient besoin d'être justifiées, elle le seraient par l'hésitation même des hommes le mieux posés dans la science quand il s'agit d'affirmer la théorie du feu central. Pour ne citer qu'un exemple, entendons M. Faye s'exprimer dans ses *leçons de cosmographie*, où les formes dubitatives sont loin de faire défaut. Voici ce qu'il dit sur la constitution physique du soleil.

« Puisque les taches solaires se dissolvent et dispa-
» raissent dans l'intervalle de quelques jours, *il est*
» *à croire* que ces phénomènes gigantesques s'accom-
» plissent dans un milieu peu résistant, tel qu'une subs-
» tance gazeuse. Nous voici donc encore ramenés à
» la conclusion que nous avaient déjà suggérée la fai-
» ble densité et l'énorme température de la masse so-
» laire. Mais il *est difficile d'aller plus loin* et de dé-
» cider, par exemple, si le soleil se compose, comme
» les planètes, d'un noyau solide et sphérique, entouré
» d'une atmosphère, ou s'il y a partout continuité dans
» ce globe dont la densité irait seulement en décrois-
» sant du centre à la superficie. *Tout porte à croire*
» que les couches centrales des planètes conservent
» une chaleur assez intense pour les maintenir à l'état
» de fluidité ou de viscosité ignée, tandis que l'écorce
» extérieure s'est solidifiée peu à peu par refroidisse-
» ment progressif. *Il est permis* d'assigner une ori-
» gine commune aux planètes et au soleil, et *de croire*
» que les premières ont passé par un état primitif d'in-
» candescence générale, plus ou moins semblable à
» celui que le soleil à conservé, *on peut dire*, avec
» Buffon, que les planètes sont de petits soleils en-
» croûtés : mais toute analogie s'arrête évidemment à
» partir de la solidification partielle des planètes et du
» refroidissement définitif de leur écorce. Cependant
» quelques astronomes *ont admis* que le soleil est
» composé d'un noyau solide, opaque, refroidi, obscur,

» et d'une ou de plusieurs atmosphères superposées,
» dont la dernière *serait seule entretenue en ignition*
» *par quelque action physicochimique inconnue*. On a
» même *supposé* qu'une atmosphère intérieure soutient
» une couche de nuages doués d'un pouvoir réflecteur
» absolu, en sorte que ces nuages arrêteraient la cha-
» leur émise par l'enveloppe lumineuse et l'empêche-
» raient de pénétrer jusqu'au noyau central. *Dans*
» *cette hypothèse*, la vie pourrait s'établir sur ce noyau
» et peupler le soleil d'êtres plus ou moins semblables
» aux habitants des planètes. *D'autres ont admis* au
» contraire, que le noyau possède lui-même une
» grande chaleur, capable d'augmenter la température
» terrestre par son rayonnement, lorsque de nombreu-
» ses taches le mettent à découvert. C'est le désir d'ex-
» pliquer la formation et quelques détails de la struc-
» ture des taches du soleil qui a conduit à ces *hypo-*
» *thèses.* »

Au résumé, il est *difficile*, selon M. Faye :

1° De décider si le soleil se compose, comme les
planètes, d'un noyau solide et sphérique entouré
d'une atmosphère.

2° Tout *porte à croire* que les couches centrales
des planètes conservent une chaleur assez intense pour
les maintenir à l'état de fluidité ou de viscosité ignée,
tandis que l'écorce s'est solidifiée peu à peu par suite
d'un refroidissement progressif.

3° Il est *permis* d'assigner une origine commune aux

planètes et au soleil et de *croire* que les premiers ont passé par un état d'incandescence générale plus ou moins semblable à celui que le soleil a conservé.

Et voilà tout ce que la science peut affirmer de l'incandescence primitive du globe, après cinquante ans et plus de persévérants efforts pour étudier cette question fondamentale. *Il est permis d'assigner... Il est permis de croire... Il est difficile d'admettre... etc., etc.*

Suivant M. Delesse, professeur à l'Ecole Normale de Paris, il n'y a pas même lieu à hésitation. *Les systèmes, dit-il, sont encore en présence aujourd'hui, comme aux premiers temps de la géologie.*

Pour conclure et donner toute notre pensée, après d'aussi désolants aveux, nous dirons : s'il nous était permis d'admettre qu'à la suite de sa rupture avec l'homme, dans l'Eden, Dieu a brisé de ses propres mains l'histoire de ses merveilleux ouvrages, et que, pour en mieux dérober le contenu à sa créature infidèle, il en a jeté les débris aux quatre vents du ciel, la géologie contemporaine pourrait, il est vrai, se flatter d'en avoir recueilli quelques fragments. Mais nous ajouterons aussitôt que pour déchiffrer ces feuillets épars des chartes divines, elle nous semble s'obstiner à vouloir les lire, dans un sens qui n'est pas celui du livre.

II.

MES CRITIQUES ÉTRANGERS.

Puisque j'en suis à l'examen des appréciations de ma brochure, je demanderai la permission de parler de celles qui ont été faites hors d'Angers.

Le résultat de mes efforts paraît avoir été accueilli avec quelque faveur par le public, qui ne s'est point trop effrayé de la nouveauté non plus que de la hardiesse de mes aperçus.

Des hommes éminents, dans le clergé comme dans le monde laïc, ont bien voulu encourager mes recherches et exprimer le désir de voir mes travaux se continuer.

Cependant parmi les journaux assez nombreux qui ont rendu un compte favorable de mon travail, trois, à ma connaissance, ont fait des réserves, que je ne puis laisser sans explications. Je veux donc les reprendre suivant l'ordre dans lequel elles se sont produites.

Le *Monde*, après des considérants tout-à-fait avantageux, s'est demandé si la solution de la difficulté soulevée par les jours de la création, est bien du *domaine de la science proprement dite*, *et si elle ne ressort pas de la philosophie et des premiers principes plutôt que de l'observation et de l'expérience.* Je ne ferai qu'une question au très-bienveillant auteur de l'article du

Monde : Pour avoir la pensée définitive de Moïse , est-il plus sage et plus sûr moyen à prendre que de demander à l'observation ce que Dieu a fait ?

En attendant la réponse, passons aux appréciations d'un autre journal.

M. le docteur Décaisne , dans la *France* , sans contester la valeur intrinsèque de mon travail , qu'il range parmi ceux qui révèlent *une science profonde* , a dit , à l'occasion de mon livre , des énormités , que je ne puis accepter.

Sa sollicitude pour les intérêts de la cause religieuse , et il paraît la prendre chaudement à cœur , l'a certainement égaré dans ses appréhensions de l'effet que peut accidentellement produire mon mémoire sur les incrédules.

Selon mon honorable critique , le clergé a bien autre chose à faire que de batailler avec les savants sur le *terrain de la science*. Son zèle serait bien mieux compris si , au lieu de *faire tous ces beaux livres* (sic) il reprenait purement et simplement le *rôle d'apôtre* , *et allait par les chemins et les carrefours , la besace sur le dos , le bâton à la main , prêcher la parole de Dieu*. Et , ajoute le jeune médecin : *C'est là qu'est son rôle aujourd'hui*. Il y a mieux encore : M. Décaisne affirme qu'il ne fait que répéter les paroles *d'un excellent prêtre , d'un prêtre selon le cœur de Dieu*. — Voilà certes qui est émouvant et persuasif. Mais M. le Docteur , s'il était mis en demeure , pourrait-il bien faire connaître le nom de ce saint prêtre, de ce prêtre selon le cœur de Dieu, que nous voyons faire si bon marché de la science? Dans le cas où, à la place d'un être fictif, il se trouverait un personnage véritable, je demande ce qu'il aurait à répondre à cette obligation imposée au prêtre non-seulement de s'instruire pour lui-même, mais encore de veiller à ce que les autres ne s'écartent pas de la vérité ; car il est écrit que les lèvres du prêtre doivent être les gardiennes de la science : *Labia sacerdotis custodient scientiam.* (Malach. 11-7.) Et c'est de sa bouche que les fidèles doivent apprendre à connaître la vérité. *Et legem requirent ex ore ejus.* (Ibid.

Conformément à cette impérieuse obligation, tous les siècles, sans exception, nous montrent les plus grands génies, depuis les apôtres jusqu'à nos jours, constamment occupés à faire face à l'ennemi ; opposant toujours l'affirmation avec preuve à l'appui, aux dénégations de l'erreur et de l'impiété. Tous les travaux des Docteurs de l'Eglise, les études des innombrables interprètes des Saintes Ecritures, que sont-ils donc, sinon des ouvrages de science, destinés à faire prévaloir les droits de la vérité ?

Et cette pléiade de savants de tous les ordres et de toutes les spécialités, qui aujourd'hui encore dépensent leur vie à défendre soit par la plume, soit par la parole, les principes de l'ordre social et religieux, et mon illustre Évêque lui-même qui vient de porter

au cahier des conférences ecclésiastiques de son dio-
cèse, les questions que j'ai traitées dans ma brochure,
seront donc aussi eux condamnés par l'écrivain de la
France, comme faisant fausse route ? Voilà, il faut en
convenir, qui devient définitivement exorbitant. Mais
si M. le docteur Décaisne tient tant à nous ramener
aux temps primitifs, qu'il relise donc les ouvrages de
saint Clément, disciple de saint Pierre, et même les
Actes des Apôtres, et il nous dira s'ils ont fui la lutte
contre les faux savants de leur époque.

Bref, et pour en finir, à quoi, je vous prie, servira
aux prêtres de prêcher par les carrefours, voire même
au milieu des églises, si préalablement ils ont laissé
l'impiété persuader leurs auditeurs que la religion
est jugée par la science, et qu'elle ne peut tenir contre
les démonstrations des hommes éclairés.

J'aime à croire que mon honorable critique en rendant
compte de ce nouveau travail, n'aura pas de peine à
reconnaître avec nous que dans un corps militant bien
composé, il faut des soldats de toutes armes, et même
que ces armes doivent se ressentir du progrès des
temps.

En voilà peut-être bien long sur M. le docteur Décaisne ; mais il a émis des idées tellement excentri-
ques, que je demande la permission de poursuivre.

« Selon lui, *la science et la religion sont deux cho-*
» *ses absolument distinctes, l'une de source divine, l'au-*
» *tre d'origine humaine* ; la première, *due à la révé-*

» *lation*, la seconde, *sortie des recherches de l'hom-*
» *me*. D'ailleurs, les matières qu'elles traitent sont
» aussi différentes que leur origine, et la religion n'est
» pas plus chargée de nous enseigner les vérités de
» l'ordre physique que la science ne doit s'occuper des
» vérités de l'ordre moral. » Et puis, un peu plus loin :
« Lorsqu'on exige de la science qu'elle soit toujours *or-*
» *thodoxe*, et des livres sacrés qu'ils soient toujours con-
» formes à la science moderne, il y a une confusion
» très-fâcheuse de matières très-diverses, et qui géné-
» ralement aboutit à la négation de la science ou au
» travestissement de la religion, et souvent aux deux
» résultats réunis. »

S'il y a quelque part de la confusion, c'est assurément dans le peu de paroles qu'on vient de lire. Tout
à l'heure, et par une distinction nécessaire, je ferai voir
que la science moderne n'est pas le moins du monde
gênée par la religion avec laquelle, n'en déplaise à
mon honorable contradicteur, elle doit toujours être en
parfait accord : car l'une et l'autre émanent d'une
source commune, qui est Dieu, et toutes les deux doivent conduire les âmes à Dieu, dont la connaissance
est le but final de tous nos efforts, en même temps que
l'objet de toutes nos aspirations. Voilà ce que les hommes vraiment sérieux ne feront jamais difficulté d'admettre.

Pour expliquer le sens d'un texte particulier, j'ai dit,
en invoquant une règle admise par tous les commen-

tateurs des Saintes Ecritures, qu'on devait employer les moyens naturels, et qu'il ne fallait avoir recours au miracle, que quand on ne pouvait absolument s'en passer. Et voilà que notre critique m'accuse de faire du miracle *un pis aller.* En vérité, M. Décaisne n'y a pas pensé, ou bien aurait-il la prétention d'en remontrer à tous nos maîtres ?

Ailleurs, parce que j'ai affirmé que Moïse, en écrivant, était en position de bien connaître les vérités traditionnelles de son temps, et conséquemment de les bien constater, le croirait-on, j'ai mis toute la révélation en péril. Autant vaudrait dire que saint Jean nous déclarant qu'il ne raconte que ce qu'il a vu, entendu et touché du Verbe de vie, renonce par ce fait, à l'inspiration et retranche lui-même son livre des évangiles.

Enfin, en disant que le Créateur agit par des lois, j'aurais rapetissé sa puissance ; je l'aurais astreint *comme une sorte de chimiste à grouper des molécules en vertu des lois de l'attraction et fabriquant l'univers* (sic) *à l'aide des lois chimiques qu'il ne pouvait enfreindre !* Décidément M. le docteur veut que j'aie desservi la religion dans mon livre, et, ce qui est pis encore, que j'aie méconnu la grandeur de Dieu, auquel pourtant j'ai voué mon cœur et mon existence.

Il faut convenir que ma position serait bien malheureuse, si les jugements qui me condamnent aujourd'hui étaient sans appel. Heureusement il n'en est point ainsi, et la logique seule se charge de me défendre. En effet, si le *Dieu chimiste* s'est astreint à ses propres lois, c'est, je pense, qu'il l'a bien voulu. Car il les a posées librement et dans la plénitude de sa connaissance. Il ne pouvait donc pas se diminuer en procédant par des lois qui ne sont que sa volonté permanente, dont il peut suspendre l'effet quand bon lui semble, et pour des motifs dont il est seul juge.

Comment, Seigneur, dit la Sagesse, pourrait-il rien exister au monde, si vous ne l'aviez voulu ; et comment pourrait se conserver ce que vous n'auriez pas appelé du néant ? *Quomodo posset aliquid permanere nisi tu voluisses, aut quod à te vocatum non est, conservaretur* [1] ? Je l'ai déjà dit, et je dois le répéter encore ici, la question qui se discute en ce moment, est une question de fait et non de convenance ou de possibilité. Dieu a-t-il accompli, oui ou non, ses merveilleux ouvrages par des lois, et à l'aide du temps ? Tout est là. Mon honorable critique qui a cité ce passage de ma brochure, aurait bien dû le mieux comprendre.

Au total, en lisant la critique de M. Décaisne, et malgré sa sollicitude pour la cause religieuse, je me suis demandé, et je lui demande à lui-même, s'il est des nôtres ou de l'armée ennemie. *Noster es an adversariorum* [2] ?

Il est, à notre époque, des caractères que l'on ne sait

---

[1] Sap., XI, 26.

[2] Josué, V, 13.

en vérité comment prendre, et qui ressemblent à ces enfants de l'Evangile se disant les uns aux autres : *nous vous avons fait entendre des airs joyeux, et vous n'avez point dansé.* Nous avons essayé des lamentations et *vous n'avez point pleuré* [1].

Le clergé cesse-t-il un moment de produire des travaux scientifiques, il est accusé d'ignorance. Quelques-uns de ses membres cherchent-ils à justifier le dogme par la science, ils feraient bien mieux de s'occuper des choses de leur ministère.....

Cette pensée me conduit à une observation qui doit trouver ici sa place.

Le dernier ecclésiastique que l'on a vu représenter le clergé à l'Académie des sciences de Paris, l'abbé Haüy, a conquis des titres tellement mérités à l'estime de son pays, que le gouvernement impérial, continuant d'ailleurs l'œuvre de la République de 1848 [2], n'a pas cru trop faire pour lui, en élevant à sa mémoire, une statue vis-à-vis de celle de Cuvier, dans la galerie du *Muséum* d'histoire naturelle.

Mais voyez la force de l'inadvertance ou des préjugés.

On est allé affubler d'un costume n'ayant rien d'ec-

<hr>

[1] Luc. VII-32.

[2] On sait que la collection de minéralogie de Haüy a été achetée à grand frais par le gouvernement de la république et placée où on la voit aujourd'hui, dans le vestibule de la grande salle du Muséum.

clésiastique, un prêtre qui, au cours de ses succès, re-
fusa positivement d'aller lire un de ses mémoires à
l'Académie, par ce motif seul qu'on voulait lui interdire
de paraître devant la savante assemblée avec son habit
affectionné. Quatre-vingt-dix visiteurs au moins sur cent,
passent devant la statue de l'illustre Académicien,
sans même se douter qu'ils sont en présence du monu-
ment élevé au prêtre, qui a été le fondateur de la minéralogie.

Heureusement la faute n'est pas irréparable. Il suf-
firait de placer devant le nom d'Haüy le mot *l'abbé*,
pour donner satisfaction et aux désirs du célèbre natu-
raliste, et à ceux non moins légitimes du clergé fran-
çais, justement fier de compter parmi ses gloires, le
très-aimable, le très-savant, le très-pieux abbé Haüy [1].

Puissent ces lignes passer sous les yeux de M. le
Ministre de l'Instruction publique, et lui faire savoir
qu'il y a, dans son département, un déni de justice à
réparer.

Mais revenons à nos critiques.

Plusieurs revues importantes se sont exprimées sur
mon livre. La plupart l'ont loué et encouragé dans des
articles qui ont été reproduits par un grand nombre de
journaux. Je remercie les uns et les autres de leurs
bienveillantes appréciations.

Dans une note de mon opuscule, j'ai pris la liberté

---

[1] L'abbé Haüy est mort le 1er juin 1822, à l'âge de 79 ans.

de contester l'exactitude d'une proposition émise par M. l'abbé Reusch, l'auteur du livre *la Bible et la nature*. Je tenais beaucoup à une réponse nette et précise à ma question. Il n'en a rien été. Le savant exégète s'est tenu dans des généralités qui sont loin de faire droit à ma demande. Je me permettrai donc de poser à nouveau la question devant le public , avec l'espoir que la solution n'échappera pas, cette fois, à l'attention du professeur de l'université de Bonn.

M. Reusch a dit : *Il faut certainement rapporter le commencement du premier jour à l'époque de la création de la lumière.* J'oppose à cette affirmation les considérations suivantes : l'Écriture nous dit formellement que le monde a été créé, achevé et rendu parfait dans six jours, ou mieux six périodes. *Igitur perfecti sunt cœli et terra et omnis ornatus eorum.... requievit Deus die septimo ab universo opere quod patrârat.* (Gen. XI-1 et 2). A ce texte des plus formels nous pouvons encore ajouter que toute la loi relative au repos sabbatique, est motivée sur le travail de la création en six jours.

Mais s'il est vrai, comme le prétend M. Reusch, que le premier jour ait commencé à l'apparition de la lumière, il résulte manifestement que tout l'espace de temps qui s'est écoulé entre la création de la matière au commencement, *in principio*, et son organisation, à partir du premier *fiat* inclusivement, lequel a produit la lumière, se trouverait en plus des six jours de la création, ce qui n'est pas admissible.

Autre considération. M. Nicolas a très-judicieusement fait observer, dans un de ses ouvrages, que nous sommes aujourd'hui dans le *septième jour*, qui n'est pas fermé, et qui, pour le dire en passant, nous donne une idée assez nette de ce qu'ont été les autres, quant à la durée et quant à l'alternance de lumière et de ténèbres qui leur étaient propres. Mais ce septième jour, pendant lequel nous vivons, et qui a eu son aurore, à la résurrection du Christ, doit se terminer au jugement général, c'est-à-dire, que les derniers survivants de l'humanité passeront sans transition du temps à l'éternité. C'est l'Evangile qui nous en avertit.

Les hommes, nous dit saint Mathieu, seront surpris par l'avénement du Christ, comme ils l'ont été par le déluge, buvant et mangeant et se livrant aux joies des noces, jusqu'à l'entrée de Noé dans l'arche. Ainsi en sera-t-il de l'avénement du Christ, continue l'Évangéliste. Mais si les choses doivent se passer comme il vient d'être dit, évidemment le septième jour se terminera par sa partie lumineuse ; donc la nuit a marqué son commencement, et cette nuit n'est autre que le temps de la loi ancienne. Donc logiquement les autres jours ont également commencé par les ténèbres.

Des lecteurs auxquels je n'avais pas envoyé mon ouvrage, ont pris l'initiative de me faire parvenir spontanément le compte-rendu des impressions favorables que leur avait fait éprouver la lecture de mon travail. L'un d'eux paraît surtout avoir été frappé du fait de l'éducation d'Adam sous la main de Dieu dans le paradis terrestre, et il s'est trouvé en cela d'accord avec l'un de nos plus savants Évêques de France.

En rapprochant des vérités évangéliques répandues dans tout l'univers par un petit nombre de disciples, les révélations qui furent faites au premier homme, pour être transmises par lui au genre humain, mon intelligent et attentif correspondant s'est appliqué à faire ressortir la ressemblance que de pareils moyens établissent entre Adam et son prototype Jésus-Christ; entre les premiers enfants du chef de l'humanité instruit par un intermédiaire, et les chrétiens du premier âge, recevant des Apôtres les enseignements du Fils de Dieu. Nous aurons plus tard à développer ce remarquable rapprochement, en parlant de l'homme, dans une nouvelle étude sur la *semaine de Dieu*.

Mais auparavant, et pour remplir ma promesse, je veux donner quelques moments d'attention aux questions fondamentales de la géologie positive. C'est sur ce terrain si intéressant et si populaire que sera désormais porté le débat auquel je convie, en les quittant, les deux savants géologues d'Angers, qui ont bien voulu faire à mon opuscule l'honneur de le discuter.

TABLE DES MATIÈRES.

Lettre de M. Faye à M. Choyer. I

Lettre de M. Choyer à M. Faye. III

Ma brochure et mes critiques 1

Le premier jour de la Création, selon M. Farge . . . 3

Le deuxième jour, selon le même 7

Réfutation du rapport de M. d'Espinay 20

L'hypothèse du feu central 35

Mes critiques étrangers 42

Angers, imp Lainé frères 4-73.

Dᴿ ERNEST DAVILLÉ

GUIDE PRATIQUE
DU COLON
AUX NOUVELLES-HÉBRIDES

Avec Carte & Plan

PARIS

LIBRAIRIE AFRICAINE & COLONIALE

J. ANDRÉ, ÉDITEUR

27, RUE BONAPARTE, 27

1899